U0225341

图书在版编目（CIP）数据

天地之间，睡梦之时：动物宝宝养育之书．嗨！动物奶爸和小宝宝：养育之书 /（美）玛丽·巴特恩著；（美）希金斯·邦德绘；张玫瑰译．— 成都：四川科学技术出版社，2023.5
ISBN 978-7-5727-0871-8

Ⅰ．①天… Ⅱ．①玛… ②希… ③张… Ⅲ．①动物 - 儿童读物 Ⅳ．① Q95-49

中国国家版本馆 CIP 数据核字 (2023) 第 024329 号

著作权合同登记图进字 21-2022-394 号

天地之间，睡梦之时：动物宝宝养育之书

TIANDI ZHI JIAN，SHUIMENG ZHI SHI：DONGWU BAOBAO YANGYU ZHI SHU

嗨！动物奶爸和小宝宝：养育之书

HAI！ DONGWU NAIBA HE XIAO BAOBAO：YANGYU ZHI SHU

著　　者　[美] 玛丽·巴特恩
绘　　者　[美] 希金斯·邦德
译　　者　张玫瑰
出 品 人　程佳月
内容策划　孙铮韵
责任编辑　张湉湉
助理编辑　朱　光　钱思佳
封面设计　梁家洁
责任出版　欧晓春
出版发行　四川科学技术出版社
地　　址　成都市锦江区三色路 238 号　邮政编码 610023
　　　　　官方微博 http://weibo.com/sckjcbs
　　　　　官方微信公众号 sckjcbs
　　　　　传真 028-86361756
成品尺寸　245 mm × 210 mm
印　　张　2.5
字　　数　50 千
印　　刷　河北鹏润印刷有限公司
版　　次　2023 年 5 月第 1 版
印　　次　2023 年 5 月第 1 次印刷
定　　价　180.00 元（全 4 册）
ISBN 978-7-5727-0871-8

天地之间，睡梦之时：动物宝宝养育之书

嗨！动物奶爸和小宝宝：

养育之书

[美]玛丽 · 巴特恩/著

[美]希金斯 · 邦德/绘

张玫瑰/译

四川科学技术出版社

谨以此书献给我的哥哥瓦斯科，你是一个好父亲、好爷爷。

——玛丽 · 巴特恩

献给我的哥哥雷 · 希金斯，你是个极出色的父亲。

——希金斯 · 邦德

每个动物宝宝的诞生，都离不开父母。不过，并不是每个宝宝都要父母抚养。有的宝宝一孵出来，就自个儿游走或爬走了，完全不用父母操心，比如鱼和昆虫。所以，它们的父母一产完卵，就可以离开了。

有的宝宝无法独自生存，至少得有一个家长照顾才行。通常是动物妈妈独自抚养宝宝。但对有些动物物种来说，爸爸也会出一份力辅助妈妈，或者亲自照看孩子。为了照顾好宝宝们，爸爸们使出了各自的奇招。

在鸣禽中，鸟爸爸和鸟妈妈共同抚养鸟宝宝是很常见的。鸟爸爸要干的活儿和鸟妈妈一样多。照顾好鸟宝宝是很重要的事，鸟爸爸可得认真干活才行。

冠蓝鸦爸爸会衔小草、苔藓、树枝回来，给妈妈筑巢用。妈妈伏在巢里，给蛋宝宝保暖时，爸爸会叼来食物，喂妈妈吃。鸟宝宝刚孵出来时可无助了，什么也看不见，浑身光溜溜的，没有双亲照顾，就没法活下去。这时，爸爸妈妈会叼来美味多汁的虫子，喂宝宝们吃。

过了大概一个月，等到小冠蓝鸦会飞了，它们便会离开父母的鸟巢。不出一年，小冠蓝鸦就会开始寻找配偶，筑巢生自己的宝宝。

眼斑冢雉是生活在澳大利亚的一种鸟。要筑巢时，雄鸟会先在地上挖出一个大坑，然后收集许多树叶、树枝、苔藓、沙土来填满大坑，并最终垒成一个巢丘，状似小火山，顶上留一个口。几个月后，巢丘垒好了，雌鸟跳上丘顶，把蛋下到巢里就走了，留下鸟爸爸独自照顾蛋宝宝。

为了让蛋顺利孵化，鸟爸爸每天都守着巢丘，站岗10小时。为了保护蛋宝宝，鸟爸爸会封住丘顶的开口，等天气热了，再将它刨开，让热气散出去，否则蛋宝宝会被闷坏的。天气冷的时候，一到正午，鸟爸爸也会刨开巢，让蛋宝宝晒太阳。到了破壳而出的那一天，宝宝会自个儿刨开巢丘，从里头钻出来。它们的羽毛全都长好了，一出来就能飞。这时，鸟爸爸的任务就圆满完成啦！

美国阿拉斯加州生活着一种叫作“瓣蹼鹬”的滨鸟，雄鸟筑巢，雌鸟产蛋，产完就走，把蛋留给雄鸟孵化。一只雌鸟可以跟好几只雄鸟交配，产下好几窝蛋，再回到海上去。

瓣蹼鹬宝宝由爸爸独自抚养。爸爸会用自己的体温温暖宝宝，带它们去附近的池塘找吃的，提醒它们小心那些悄悄靠近的天敌。破壳而出的第二天，小瓣蹼鹬就可以自己觅食了，不像小鸣禽那么无助，什么都要靠父母。这时，一些瓣蹼鹬爸爸就离开了，还有一些会再陪一段时间，等差不多三周后，小瓣蹼鹬会飞了，才放心离开。

帝企鹅生活在地球上最冷的地方，也就是南极洲。企鹅也属于鸟类。神奇的是，企鹅虽然不像其他的鸟儿一样会飞，但它们有脚蹼，会游泳。

帝企鹅妈妈产下蛋后，就会回到大海里觅食，补充能量，恢复体力，将孵蛋的重任交给爸爸。孵蛋可辛苦了！不过，爸爸们早就做好了准备。

孵蛋前，帝企鹅爸爸会吃很多鱼，把自己吃得胖乎乎的。它非常需要脂肪，因为接下来，它要守着蛋，连续90多天不进食。最后，它会瘦到体重只剩一半。蛋宝宝一天不孵化，爸爸就一天不离开。它把蛋放在脚掌上，肚子上的肉和羽毛垂下来，像一条温暖的毛毯，包裹住蛋宝宝，抵御严寒。要是没有爸爸为蛋宝宝保暖，它会冻死的！帝企鹅爸爸经常成群结队地蜷缩在一起，在低至零下80摄氏度的冰天雪地里抱团取暖。

等到小帝企鹅破壳而出时，它的妈妈也从海里回来了，壮实又健康。这时，爸爸又饿又累，换它回海里进食，妈妈给宝宝喂食。很快，爸爸又吃得胖乎乎的，回来接妈妈的班，给嗷嗷待哺的宝宝喂食。

达尔文蛙生活在南美洲的热带雨林中。别看蛙爸爸个头小，它也能保护自己的孩子。它的育蛙方法可独特了，蛙爸爸喉咙下有一个声囊，它把小蝌蚪养在声囊里！平时，声囊像一个扩音器，可以让蛙爸爸的叫声更响亮。到了繁衍的季节，声囊还可以鼓起来，充当“育儿袋”。

蛙妈妈一胎产20~30个卵。它把卵产在陆地上就走了，留下蛙爸爸独自看护卵团，一看就是10~20天。当小蝌蚪快从卵里钻出来时，蛙爸爸会把卵咽进声囊里，让它们在里头住上大约52天。

在声囊里，小蝌蚪逐渐发育成幼蛙。它们一天比一天大，爸爸的声囊也一天比一天鼓，鼓到发不出声来，也咽不下食物，因为它的喉咙里有好多蛙宝宝！

等蛙宝宝长得足够大，就会从爸爸的嘴里跳出来，去探索外面的世界。

昆虫大多不需要爸爸或妈妈照顾，但也有个别种类是例外。

大田鳖是水生昆虫，生活在池塘或河渠中。大田鳖妈妈会把黏黏的虫卵产在爸爸背上。爸爸一次可以背一百多颗虫卵，一背至少20天。在这期间，为了让宝宝透气，爸爸会经常浮到水面上。虫卵孵化后，要不了几分钟，幼虫就会从爸爸背上陆续游走。

动物世界里有不少与众不同的爸爸，海马爸爸就是其中之一。宝宝是从它们的肚子里钻出来的！海马爸爸腹部有一个奇特的囊，俗称“育儿袋”。海马妈妈将卵产在爸爸的育儿袋中，卵在袋中孵化成海马宝宝，并且在袋中发育成长。一旦海马宝宝长得足够大，可以自己照顾自己，它们就会从育儿袋中钻出来，自个儿游走。

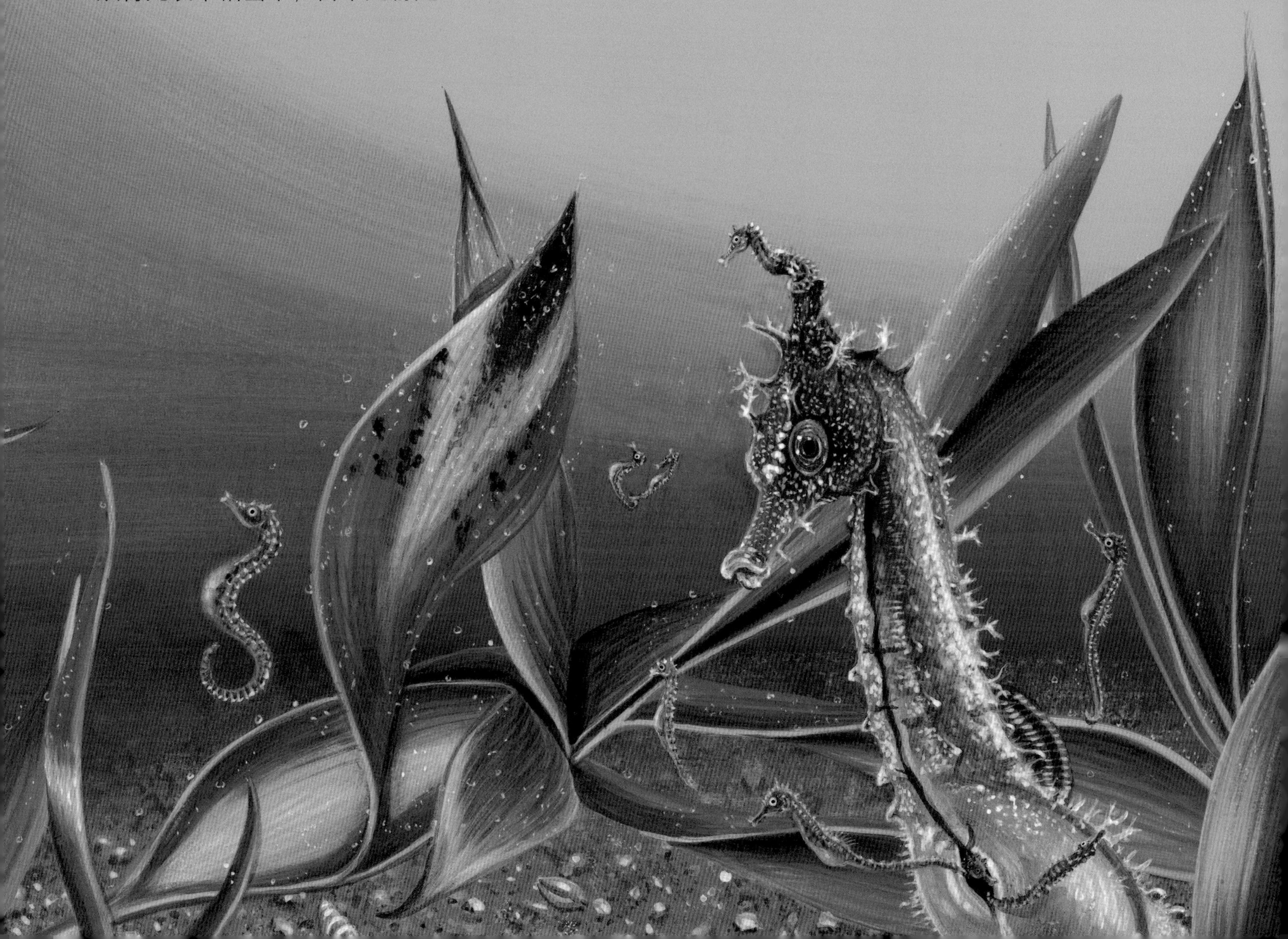

老鼠是哺乳动物。在哺乳动物中，妈妈直接产下幼崽，用母乳哺育它们。大多数哺乳动物由妈妈独自抚养刚出生的幼崽，有些爸爸也会参与育儿，比如加州鼠。从鼠宝宝出生的第一天起，鼠爸爸就开始照顾它们了。大约5周后，鼠宝宝断奶了，鼠爸爸才“退休”。鼠宝宝长得可快了！雌鼠宝宝长到11周大，就可以繁衍后代；雄鼠宝宝还得再大一点，才能当爸爸。

河狸分布广泛，生活在溪流和池塘边。它们牙齿锋利，能咬断小树，用来筑巢。河狸能活12~20年，每年产1~6只小河狸。

河狸宝宝出生第二天就会游泳，但它们还没学会独立生活。河狸爸爸会和妈妈一起照顾整个大家庭，它们共同给宝宝喂食，还要保护好它们。河狸宝宝的哥哥姐姐们也会帮忙。两岁前，河狸宝宝跟父母一起生活。两岁后，它们会离开父母，寻找配偶，自立门户。

狒狒是灵长目动物。灵长目动物包括人、猿、猴，都属于哺乳动物。灵长目动物的宝宝刚出生时，需要家长时刻照看。妈妈无法同时照看好几个宝宝，因此需要爸爸和其他成年狒狒的帮助。

狒狒妈妈出去觅食时，爸爸会留下来看护宝宝。它把宝宝抱在身上，不让天敌伤害它。

日本猕猴，也叫作“雪猴”，生活在日本的高原和山区，是世界上居住在最北端的非人类灵长目动物。雪猴爸爸和妈妈共同分担养儿育女的责任。雪猴爸爸去哪儿都带着宝宝，不让天敌伤害它们。它还会清理雪猴妈妈和小雪猴的身子，翻一翻它们身上的毛，捉走毛里的寄生虫。要是不把虫子捉走，猴子们可能会发痒，还会生病。

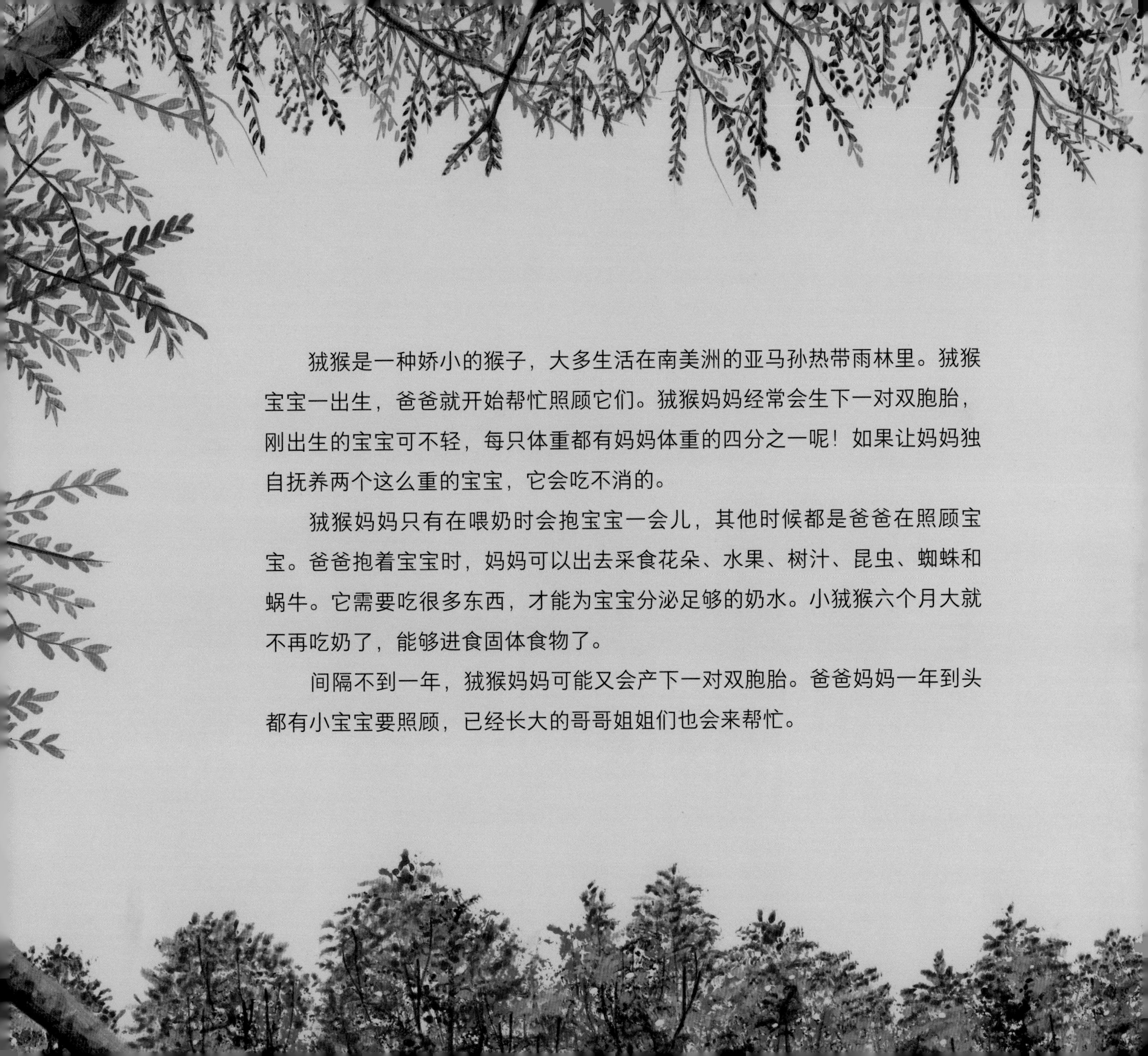

狨猴是一种娇小的猴子，大多生活在南美洲的亚马孙热带雨林里。狨猴宝宝一出生，爸爸就开始帮忙照顾它们。狨猴妈妈经常会生下一对双胞胎，刚出生的宝宝可不轻，每只体重都有妈妈体重的四分之一呢！如果让妈妈独自抚养两个这么重的宝宝，它会吃不消的。

狨猴妈妈只有在喂奶时会抱宝宝一会儿，其他时候都是爸爸在照顾宝宝。爸爸抱着宝宝时，妈妈可以出去采食花朵、水果、树汁、昆虫、蜘蛛和蜗牛。它需要吃很多东西，才能为宝宝分泌足够的奶水。小狨猴六个月大就不再吃奶了，能够进食固体食物了。

间隔不到一年，狨猴妈妈可能又会产下一对双胞胎。爸爸妈妈一年到头都有小宝宝要照顾，已经长大的哥哥姐姐们也会来帮忙。

蒂蒂猴夫妇实行一夫一妻制。它们主要生活在亚马孙热带雨林中，以枝繁叶茂的大树为家，紧挨着彼此坐在树枝上，尾巴缠绕在一起，像人类把手握在一起一样。每天早晨，蒂蒂猴大声啼鸣，宣示领地主权。宝宝出生后，大多数时候由爸爸来照顾。下雨了，爸爸给宝宝挡雨。宝宝饿了，爸爸把它交给妈妈，喂它喝美味的母乳。宝宝喝饱了，妈妈就把它还给爸爸带。小蒂蒂猴跟着爸妈生活，一直到三岁左右才独立。

非洲中部的山地大猩猩是世界上最大的灵长目动物。其中，身材高大、面相凶狠的银背大猩猩是家族的首领。平日里，它是一个和蔼可亲的父亲。一旦有动物威胁到它的家族成员，它就会变得非常凶猛。银背大猩猩守护着家族中的妈妈和宝宝，不让天敌伤害它们。有时，大猩猩妈妈去觅食了，爸爸会帮忙照看孩子。等大猩猩宝宝满两岁，就可以独自出去闯荡了。

海马、小鸟、猴子长得比人类快。海马宝宝一出生就游走了，独自在大海里生活。鸟宝宝只要翅膀长硬了就会飞走。猴宝宝一岁前就学会了觅食。与其他动物宝宝相比，人类宝宝需要更多照顾。在所有动物中，人类宝宝的童年也是最长的。他们要在父母身边待好多年，才能慢慢开始独立生活。人类的爸爸妈妈需要付出非常多的努力，还要投入非常多的爱。

人类爸爸陪伴孩子的时间比其他动物爸爸都要长。人类爸爸很爱自己的孩子，他们会抱宝宝、陪宝宝玩、喂宝宝吃饭，他们还会保护宝宝、教育宝宝。

要当一个好爸爸，可不容易哦。